像青蛙一样坐定游戏书

一呼一吸间，像小青蛙一样坐定

小青蛙对你说"嗨！"

作者其他著作:

Stilzitten Als Een Kikker

平静而专注
像青蛙一样坐定
养育平静、专注和有觉察力的孩子

随书附赠15个音频练习

Calme et attentif comme une grenouille

像青蛙一样坐定
游戏书（5~12岁）

·专为孩子设计的75个正念游戏·

［荷］艾琳·斯奈儿（Eline Snel）◎著　　纪园园◎译　　祝卓宏◎审订

北京科学技术出版社

目　录

亲爱的家长们：

或许你们已经用过本书及其附赠的音频练习。
书中的方法教会了孩子如何专注于自身和身边的人，
想必许多家长已经发现它的益处了。现在，有越来越多的学校开设了与正念相
关的课程。

本书设计了丰富的练习，包括游戏、活动方案、海报设计和食谱制作等。
孩子们可以跟着这些练习画画、涂色，还能阅读小故事。
年纪小的孩子可能需要家长的帮助，大一些的孩子可能更喜欢自己做练习，
不过说不准也会拉上家长一起玩。

家长在异常忙碌的生活间隙，与孩子共度一小段高品质的幸福时光，
这是多么珍贵、有趣！这不仅是一本练习册，还是包含平静、好奇心和
静坐冥想等内容的心灵指南，揭示了获取幸福的秘诀。
这是一本能真正陪伴小家伙们度过整个童年，与他们共同成长的实用指南，
也是孩子们将会终身使用的礼物。

本书附赠的6个音频练习是教孩子专注静听的游戏，
也是关于幸福鸟的冥想练习。

祝福大家，充满幸福喜悦，与小青蛙共度美好时光。

——艾琳·斯奈儿

智慧
卡片

冥想用的
小故事

感受
瑜伽

你们好，

很高兴认识你们。
这是一本可以让人内心平静的书，
专为你们而写：
需要学习冷静和专注的孩子们、
想要变得快乐和学会爱他人的孩子们、
想让这颗星球变得更美好
的孩子们……
去体验吧！

练习专心的
小活动

可以贴在墙上的
海报

看食谱，
学做菜

动动手
做练习

创意绘画
和涂色

张张口，
唱唱歌

贴贴纸

见书末

动动脑，
做活动

甜蜜的话，
说给你听

书里有一些游戏，
如记忆游戏或许愿树，
如果你不想将书页剪下来，
可以复印这些页面哟。

一起玩
游戏

小青蛙讲故事：
脑袋里有小鸟的女孩

从前，有一个小女孩，她拥有快乐所需的一切条件，可她一点都不快乐。当别人给她一个玩具时，她心里想的却是哥哥之前收到的玩具；当别人请她吃蛋糕时，她的小脑袋里想的却是前一天晚上吃的冰激凌。

她似乎永远都心不在焉，于是人们称呼她为"脑袋里有小鸟的女孩"，因为她的思绪无时无刻不在飞翔。女孩任由自己的思绪被牵引，就像乘上了鸟儿的翅膀，飞到很远很远的地方。

这些自由飞翔的想法让女孩变得紧张，身体疲惫。她病倒了。几位医生匆匆赶来，却找不到治愈她的良药。

于是，我，小青蛙，决定去看望她。

第一天，我给她带了一颗草莓，只说了一句："尝尝。"

第二天，我给她讲了一个故事，并说："听听。"

第三天，小女孩坐在床上，脸上绽放着笑容，问我："你今天带了什么呀？"

她好起来了！她学会了如何专注地吃草莓，如何专注地听故事。

从那天开始，小女孩过上了快乐的生活，因为她体会到了专注的力量。生命中的每一刻都因为有了专注而变得与众不同。

1.
如何训练
集中注意力的
小肌肉

小青蛙坐在这里——全身心地坐着。

它全神贯注，不会轻易因其他事物而分神。

四周的动静尽收眼底，可它却丝毫不为所动。

它冷静专注，它纹丝不动。

呼吸

大多数时候，你根本注意不到自己在呼吸。通过这个练习，你将开始留意自己的呼吸，吸气、呼气。当你意识到你正在呼吸时，专注便开始了。

将你的食指放在绿色的波浪上，
跟着波浪前行，
随着波浪的起伏，平静、缓慢地呼吸。
当波浪涌起时，你吸进空气；
当波浪落下时，你呼出空气。

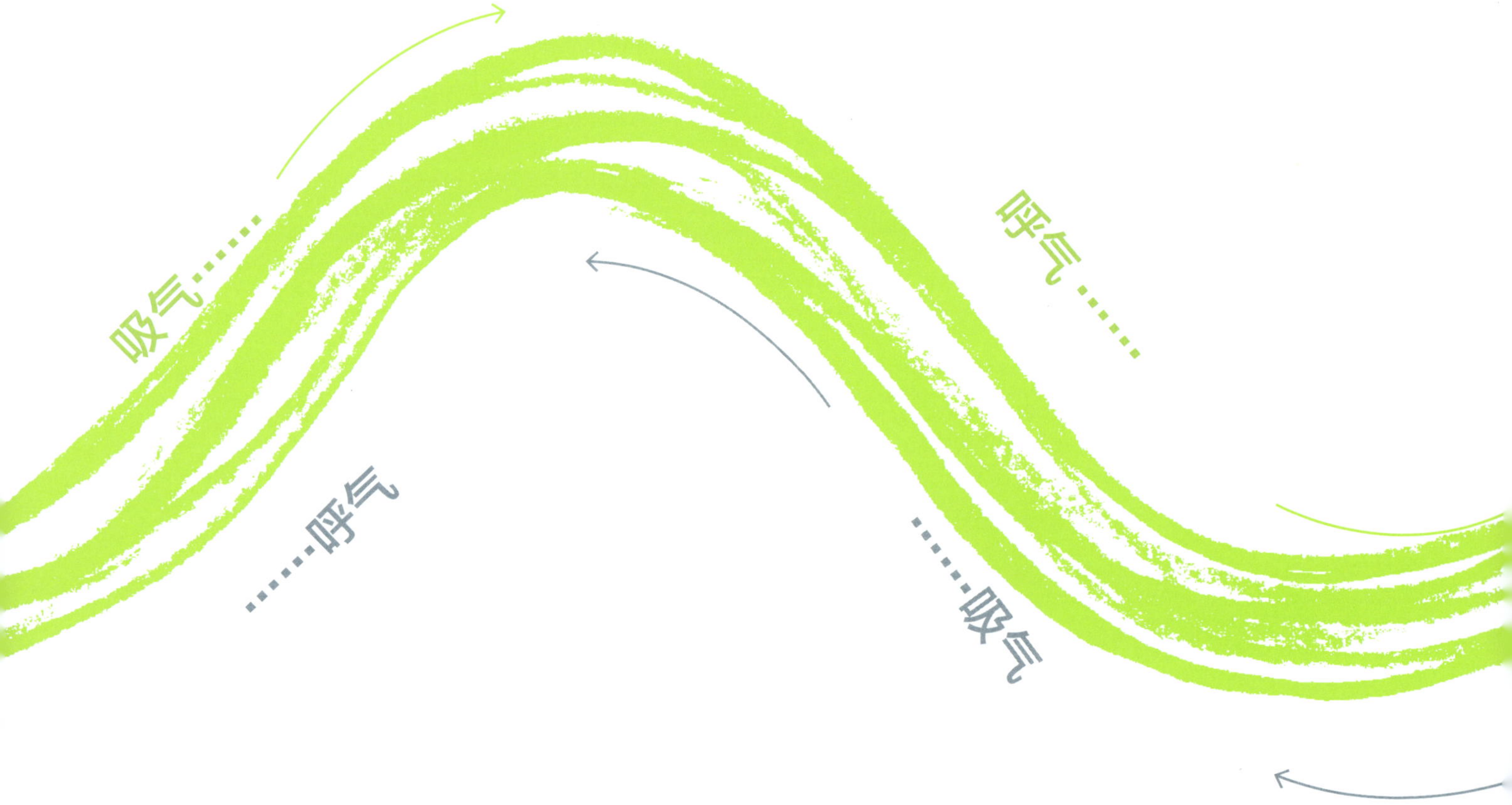

吸气……

呼气……

呼气……

吸气……

不用刻意，
像往常一样呼吸就好……
让呼吸自然发生……

吸气……

……呼气

呼气……

……吸气

食指来到波浪的末端后，
回到起点，再来一遍。

画出你的呼吸

当你生气、紧张或焦虑时，观察自己的呼吸，这会对你非常有帮助。将注意力放在呼吸上能够帮助你恢复平静。

画出你的呼吸波浪：

● 在你心烦意乱的那一刻

● 在你内心平静的那一刻

● 在你感到害怕的那一刻

呼吸时，
不要担心会出错，
你的呼吸永远值得信赖。

小青蛙讲故事：
雄狮的恐惧

从前，草原上住着一头雄狮。它威风凛凛，体格健硕，其他动物都怕它。每当它走近，大大小小的动物都会被吓得立刻撒腿就跑。

可我偏爱观察它。当它紧盯猎物时，它全身纹丝不动，所有感官都被唤醒；这时的它，无疑是专注力之王，任何风吹草动它都了如指掌。它懂得如何不动声色地快速出击。他神采奕奕、身姿矫健，速度惊人！

可有一天，我惊讶地发现，雄狮不慎落入了猎人布下的兽网中。它惊惶失措，极力挣扎，毫无章法地四处乱撞，树干划破了它的皮肤，岩石撞伤了它的利爪，可它丝毫没有挣脱的希望。恐惧，令它丧失了所有技能。

直到它用尽力气，变得可怜巴巴、伤痕累累时，我慢慢走上前，让自己保持平稳的呼吸。不过，我的呼吸声很大，它能清楚地听到我的气息，一呼一吸……一呼一吸。

慢慢地，雄狮开始随着我的节奏一呼一吸……一呼一吸——它的呼吸越来越平稳。终于，它紧绷的神经彻底放松下来。雄狮环视四周，扫了一眼猎网，立刻有了主意。只一口，它便咬破了网孔，紧接着，它伸出利爪，冷静地将这个猎网撕裂。它自由了！

它发现，原来当被恐慌支配时，控制呼吸最为关键，因为做到这个之后，办法自然也会随之而至。

超级专注！

这个练习需要调动你全部的注意力。

练习分成两个部分：先涂色，再做一个小游戏。

1. 把第一个字涂成蓝色，

第二个字涂成绿色，

第三个字涂成红色，

第四个字涂成黄色。

2. 说出每个字的颜色，

不用管字本身的意思。

如果你还不识字，那你肯定觉得这个游戏很容易。

可如果你已经认识了这些字，你就会发现，

你会一直试图说出字的意思，

而不是它的颜色。

RED 红

YELLOW 黄

BLUE 蓝

GREEN 绿

观察

聚精会神地观察是一门艺术，跟音乐或体育运动没什么两样。让我们来学习这门艺术吧。

通过观察，你会发现周围世界的更多美好。

仔细观察，指出下面哪一行与上面给出的示例一模一样。

这是一个简单的九宫格数独游戏。在九宫格的每个空白处填上图形，每一横行、每一竖列中的图形都不能重复。

17

集中注意力

当你集中注意力观察时，你就会十分专注。

专注是集中注意力的另一种说法。

你能数出图上有多少只小动物吗？

这里有1只小鸟、＿＿＿＿＿只蜻蜓、

＿＿＿＿＿只蜜蜂、＿＿＿＿＿只小飞虫

和＿＿＿＿＿只蜗牛。

找到跟小青蛙姿势一模一样的影子吧。

记忆力的体操训练

我们的记忆里藏着许多小洞洞，搞得我们经常忘东忘西。
好在我们可以用集中注意力的方法来进行肌肉记忆训练。

为记忆游戏做准备
剪下右边这些小卡片，
把每个图案的名称写下来。

游戏玩法

双人游戏

1. 将卡片顺序打乱，背面朝上摆放在桌子上。

2. 第一个人翻开两张卡片。如果卡片的图案相同，那么他留下这两张卡片，继续翻开两张新的卡片，直到两张卡片不同。

3. 如果第一个人翻开的卡片图案不同，那么他将卡片放回原位，接下来由第二个人翻开两张卡片。最后，获得卡片数最多的人获胜。

单人游戏

你还可以自己一个人玩。当你找出所有成对的卡片后，游戏就结束了。

在努力记忆的时候，
你有没有感到紧张？
不要忘记控制呼吸！

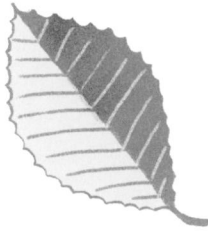

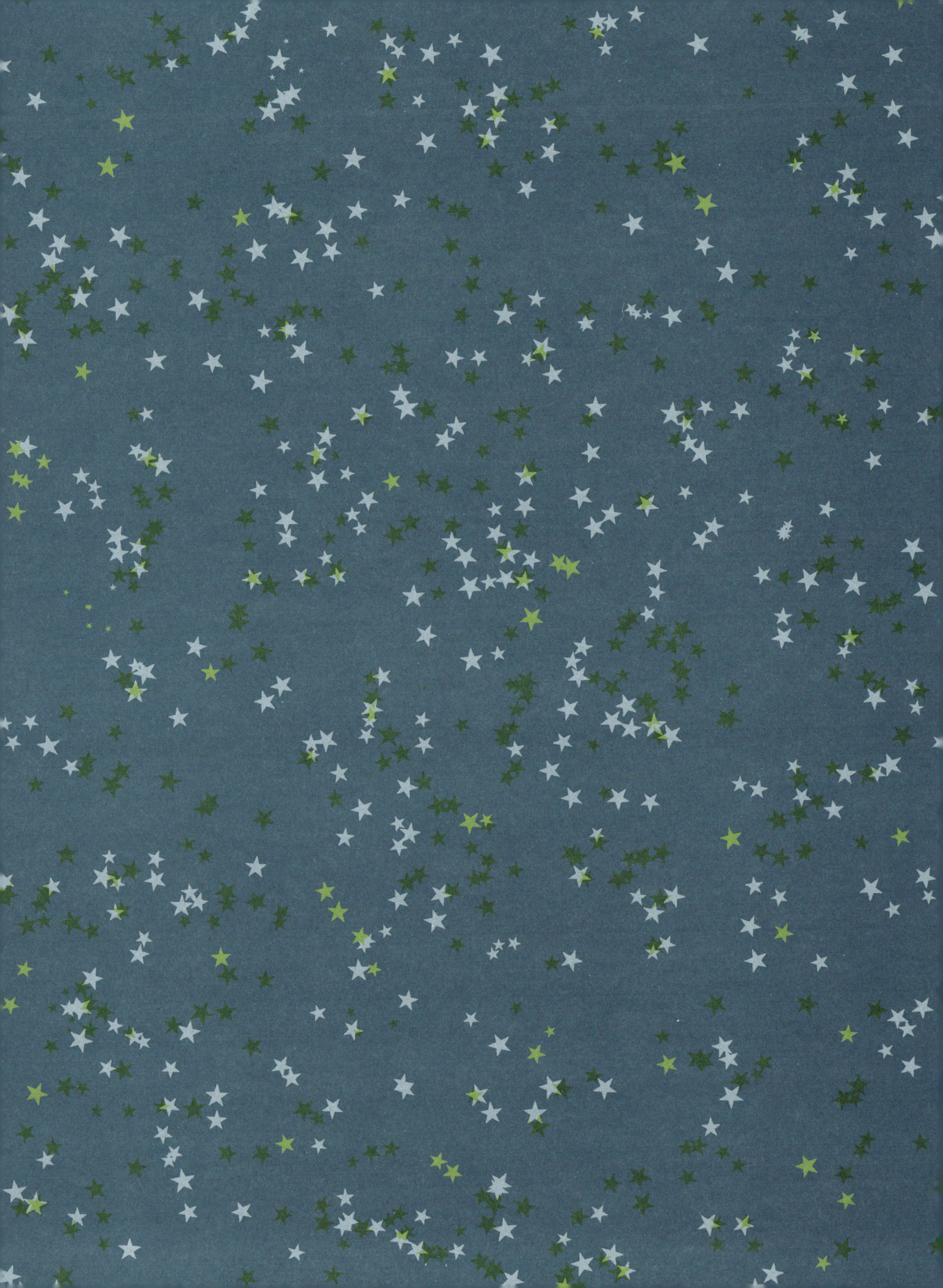

为曼陀罗涂色

曼陀罗①是个圆形的图案，它可以帮助你聚焦、放松或冥想。

给曼陀罗涂上你最喜欢的颜色吧。记住，从中心的圆点开始涂色哟。

① 曼陀罗：梵文Mandala的音译，宗教术语，原意为"圆圈""聚集"等。——译者注

2.
身体是
你最好的
朋友

觉察到自己的身体，是另一种集中注意力的方法。

身体非常重要，可我们却常常无视它。

只有当身体哪里痛的时候，我们才会意识到它的存在。

更好地觉察自己的身体，不仅能够让自己感觉更舒服，

还能够让我们更好地掌控自己的身体。

身体永远与你同在，
和呼吸一样，
是你最好的朋友。

动动你的身体

做瑜伽练习的时候，你也可以倾听自己的身体。
当你屏住呼吸的时候，或身体某个部位略感疼痛的时候，
这是身体在告诉你，要集中注意力，动作要放慢些。
倾听你的身体，感受能从中获取的益处吧！

蝴蝶式瑜伽
音频 2　　这个体式模仿蝴蝶振动翅膀的样子，能够锻炼你的背部肌肉，增加髋部的柔韧性。

风车式瑜伽
音频 1　　这个体式能够强化你的心脏功能，帮助你保持身体平衡。

音频3 温和眼镜蛇式
这个体式能够打开你的胸腔，锻炼你腹部的肌肉群。

音频4 小碗式
用双手轻拍你的身体，这样能让你感觉神清气爽、精神焕发。

27

学着停下来

　　有时候，我们会下意识地做一件事，却不知道为什么要这样做。例如，我们会吃得太多，我们会与人争论，我们会心烦意乱，或者会欣喜若狂。因此，学习如何让自己停下来、短暂地抽离出去非常重要。每个人都有暂停键，你的暂停键又在哪里呢？当你找到它的时候，请把手放上去，先平静、缓慢地呼吸，然后再继续出发，完成你正在做的事情。

在你看来，暂停键应该在哪些场景中使用？下面列出了一些场景，看看什么时候你认为应该按下暂停键？

○

当别人告诉你该停下，但是你却没有停下的时候。

○

当你吃太多的时候。

○

当你玩电脑或手机超过半个小时的时候。

○

当你极度沮丧的时候。

○

当你跟别人吵架的时候。

○

当你很生气的时候。

你身体的暂停键在哪里呢？
将贴纸（见书末）贴到
暂停键所在的位置。

中场休息，听听音乐

跟着《跳舞的小手指》这首歌去你身体的各个
部位旅行吧。

一根 跳舞的 小 手指　　　一根 跳舞的 小 手指

一根 跳舞的 小 手指　　直 把 我 乐 得 笑 开 花

一根跳舞的小手指　　　　　两根跳舞的小手指
一根跳舞的小手指　　　　　两根跳舞的小手指
一根跳舞的小手指　　　　　两根跳舞的小手指
直把我乐得笑开花　　　　　直把我乐得笑开花

两根跳舞的小手指　　　　　一只跳舞的小手掌
两根跳舞的小手指　　　　　一只跳舞的小手掌
两根跳舞的小手指　　　　　一只跳舞的小手掌
直把我乐得笑开花　　　　　直把我乐得笑开花

一根跳舞的小手指　　　　　两只跳舞的小手掌
一根跳舞的小手指　　　　　两只跳舞的小手掌
一根跳舞的小手指　　　　　两只跳舞的小小掌
直把我乐得笑开花　　　　　直把我乐得笑开花

加入身体的其他部位，例如双手、
双脚等，继续欢快地歌唱吧。

30

我感觉我的内心正缓缓打开，

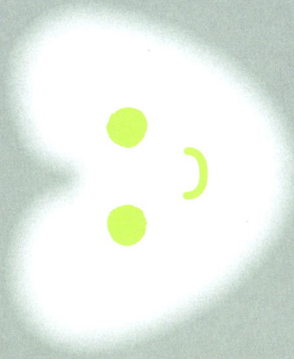

而且感觉自己与全世界的大人、小孩紧密相连。

我像一棵小树，柔韧而坚强。许多事情都能伤害我，可我依然很坚强。

当我全身紧绷时，我像一根生的意大利面。

当我身体放松时，我像一根熟透的意大利面。

我没办法让念头停下来，但我可以停止聆听这些念头。

即使我心情平静，
但我身体里面
有个东西一直在律动……
那是我的呼吸……

我想要安全感，
我想要幸福……
真真切切的幸福。

我的注意力
像一盏小灯，
我可以让它
照向外面的世界，
也可以让它
照进我的内心。

今天，
我要专注于让自己开心的事物上。

心之屋

　　如果你的心是一间小屋子，那么屋子里会有什么呢？把你想象的画面画下来吧。

小青蛙讲故事：
勇敢的小男孩

从前，有一个小男孩，他非常勇敢。每天早上起来，小男孩都精神抖擞。他四处奔跑，玩闹嬉戏，整天都快乐极了。小男孩夜里很晚才上床睡觉，却一点儿也不觉得累！他坚信，这样开心的日子将会永远继续下去。

可是，有一天早上，小男孩醒来时突然感觉头痛欲裂。他挣扎着爬起来，想出门透透气，嘴里大吼着："喂，我这是怎么了？我的头好疼、好疼、好疼！"小男孩喊着、叫着，咚咚地跺着双脚，因为他害怕疼痛永远都不会消失。

这时，我，小青蛙，走到小男孩跟前，问他："你看到脚边的雏菊了吗？它还和昨天一样美吗？"可是小男孩根本听不进我的话，继续大喊着："哎哟、哎哟、哎哟、好疼！"的确，当你的身体疼痛时，你很难再对其他任何事情提起兴趣。于是，我轻轻捏了下小男孩的胳膊来吸引他的注意，接着问他："你听到鸟儿的歌声了吗？它们今天早上唱的还是昨天那首歌吗？"小男孩停止呻吟，侧着耳朵听了一小会儿。我趁机让他抬头看看天空，问他："现在飘在天空的云朵，明天还会是同样的形状吗？"

小男孩一句话都不说，静静地看向四周。过了很久，我问他："现在头还那么疼吗？"小男孩惊呆了，一脸不可思议地大喊："太神奇了！一点儿也不疼了！！"他的脸上绽放出大大的笑容。他发现，生命中的一切都会过去，都会改变，都会更迭。

自那天起，小男孩又回归了正常的生活。生活依旧起起落落，不过，小男孩变得更加坚定，勇气十足，他会告诉别人："当生活遭遇不顺时，不要担心，因为它迟早会改变的！"

3.
五种感官
大冒险

当我们还是婴儿的时候，我们充满好奇地去探索这个全新的世界。
面对万事万物，我们都会仔细地观察，
都想要摸一摸，听一听，尝一尝。
长大一点儿后，我们开始有了自己的思考，
不管是大事还是小事，我们都有自己的看法：这是美的，
这是丑的，这是好的，这是臭的。
接下来，让我们一起来看一看、摸一摸、闻一闻、听一听、尝一尝吧！

你只需要保持专注，

就可以像训练肌肉记忆一样，

训练我们的感官。

你准备好了吗？

看一看

当你专心地用眼睛看，
而不是用脑袋"看"世界的时候，
你能看到什么？

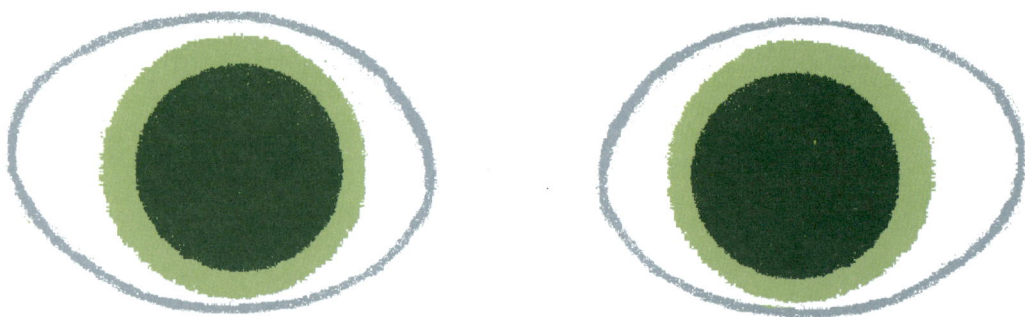

打开你的感官：双人练习

两人面对面坐定，对面可以是你的爸爸或妈妈，
或者兄弟姐妹中的一个，或者一个朋友。

当你看着他的头发时，
你看到了什么？

所有的发丝都是同一种颜
色吗，其中是否夹杂着其
他不同的颜色？

当你看着他的眼睛时，
你看到了什么？

你观察到哪些颜色了？

他的嘴巴呢？
当你们相视而笑时，
你看到了什么？

只有嘴巴在微笑吗，
你有看到别的什么了吗？

你们专注地看着对方，
能真正看到彼此，
这种体验总是那么美好、
那么不可思议。

38

摸一摸

还是双人练习

可以和爸爸或妈妈一起练习，还可以和兄弟姐妹中的一个，或你的朋友一起练习。

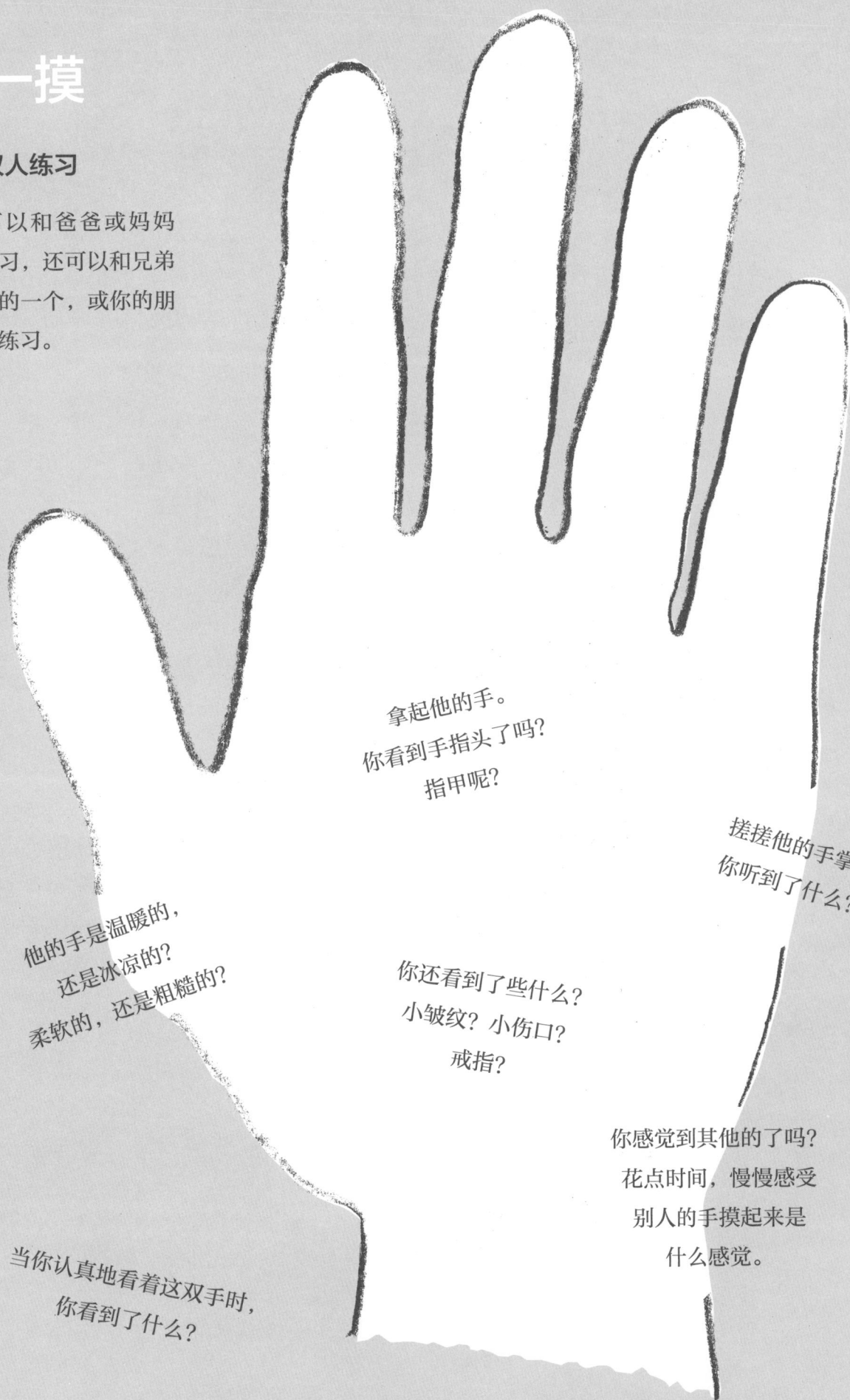

拿起他的手。
你看到手指头了吗？
指甲呢？

搓搓他的手掌，
你听到了什么？

他的手是温暖的，
还是冰凉的？
柔软的，还是粗糙的？

你还看到了些什么？
小皱纹？小伤口？
戒指？

你感觉到其他的了吗？
花点时间，慢慢感受
别人的手摸起来是
什么感觉。

当你认真地看着这双手时，
你看到了什么？

专心品尝

吃东西时，你或许常常狼吞虎咽，还没等品尝出味道食物早已吞咽下肚了。可当你自己做菜时，你会感受到每一种食材。最后品尝这道菜时，你会发现很多令自己惊喜的味道！

你需要准备：

- 85克无盐黄油，软化备用
- 85克细砂糖
- 1小勺小苏打
- 1小勺香草精
- 1个鸡蛋
- 150克面粉
- 100克巧克力碎

巧克力饼干或者巧克力曲奇的做法：

1. 预热烤箱至180℃。
2. 取一只大碗，将软化的黄油、细砂糖、小苏打、香草精和鸡蛋放进碗里，用木勺搅拌均匀。
3. 少量多次倒入面粉，继续搅拌，直至揉成光滑的面团，接着加入巧克力碎。
4. 在烤盘上放一张烘焙纸，将面团分成小团，均匀地放在烤盘上。
5. 请大人帮忙把烤盘放进烤箱，烤10分钟。当饼干的边缘开始出现焦黄色时，就烤好了！

能填饱
4个小家伙的肚子

40

充分摇匀！

香草奶昔

2勺香草冰激凌

1杯牛奶（约300毫升）

1汤匙蜂蜜

草莓奶昔

与香草奶昔相同的配料

+250克草莓

香蕉奶昔

与香草奶昔相同的配料

+1根香蕉

奶昔在你口中
是什么样的感觉？

你能品尝出
不同的味道吗？
奶昔爽口吗？
清甜吗？

奶昔的做法：

1. 将所有配料倒进搅拌机中。

2. 搅拌至出现浓密的小泡沫，直至变成浓稠状。

3. 将做好的奶昔倒进玻璃杯里，开始享用吧！

闻一闻气味

我们身边充满着各种味道，可大多数时候我们根本注意不到它们。或许因为我们只关注好闻的味道（哇，好香！）或难闻的味道（呃，好臭！）。

1. 在这个练习中，用你的鼻子仔细闻气味，而且只能靠闻。这时的你就像一个大侦探，刨根究底，想要知道闻到的是什么。你只需要闻当下的气味，不用判断好闻或难闻。准备好了吗？尽可能找到这一页上提到的所有的物品，去闻一闻它们的气味吧！

香皂

颜料

橡皮

指甲油

醋

2. 哪种味道让你感到舒服？

3. 如果你今天要出门，记得认真地闻一闻你遇到的第一个味道。

垃圾

面包

苹果

响屁!

这本书的书页

新鲜空气

你的
爸爸妈妈

按摩万岁！

身体碰触是人类生存的基本需求。

皮肤是我们最重要的感觉器官。

单单是身体靠近别人，我们就能够感受到温暖或寒意、安全或危险。

双人游戏：五个小淘气

伸出你的五根手指，

让它们在爸爸或妈妈的后背上四处乱跑、横冲直撞，

就像五个调皮捣蛋的小淘气。

从上跑到下，再从下跑到上，上上下下，

来来回回，随意地"跑"几回。

然后，两人交换，让爸爸或妈妈也在你的后背上乱"跑"几次。

被这样按摩的时候，你感觉怎么样？

海浪　　　　雷阵雨　　　　云朵

太阳　　　　月亮　　　　龙卷风

星星　　　　雨滴　　　　花朵

双人盲猜游戏

在妈妈或爸爸的后背上用手指画出一些物体，
请他们猜猜你画了什么。
猜过几轮后，互换角色继续玩。

单纯倾听

1. 周围的声音

坐下来，闭上双眼，打开耳朵。

此刻，你听到了什么声音？这声音是吵闹还是轻柔？

距离是远还是近？在你前面还是后面？

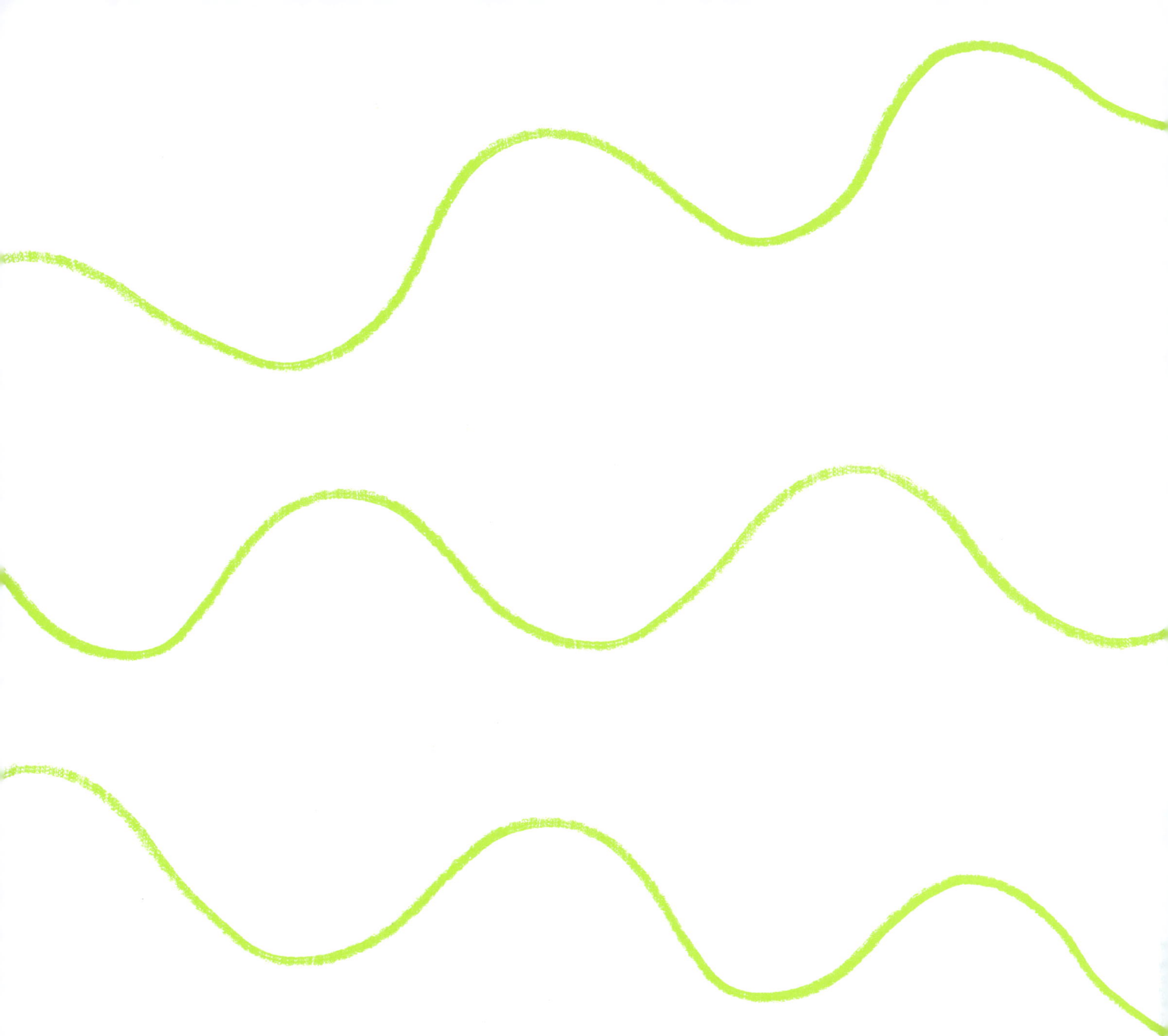

🔊 音频 5

2. 声音风景

这时，你将听到各种各样的声音。
你能否静下心来单纯地倾听，
像第一次听到它们一样，不做任何评判，
也不用刻意去辨认它们，好吗？

声音图书馆

你肯定已经听过成百上千种声音了，就算有些没听过，你也能够想象得出……现在轮到你大显身手了！你可以大声"制造"这些声音，并把它们画下来，说说都是些什么声音。

小狗怎么叫？

小青蛙呢？

雨滴？

小鱼？

小猫咪？

风声？

摩托车？

猴子？

消防车？

愤怒是什么声音?

心跳?

快乐?

安静?

恐惧?

_____的声音?

4.
你的
内心藏着
整个世界

你的内心藏着整个世界，
那是由思想、感觉和情绪汇聚而成的世界。
有时候，你很开心；有时候，你很难过；
有时候，你不知道自己是什么感受！
我会教你识别自己的情绪，
感受它们、接受它们。

让我们一起来探索
这浩瀚的世界吧！

你内心的天气预报

你内心世界的天气怎么样？
闭上眼睛，感受自己的情绪。

瓶子里的小青蛙
分别是什么情绪?
你能将与它们情绪匹配的
选项填进圆圈里吗?

A.伤心

B.气愤

C.开心

D.担忧

此时此刻，
你内心世界的天气又如何呢?
把它画下来吧。

如何浇灭你的怒火

　　你当然有愤怒的权利。例如，当你和别人大吵一架之后，或者父母强迫你上床睡觉的时候。你是否有过非常愤怒的时候？还记得当时的场景吗？愤怒有点儿像一场小火灾，你可能需要一个"消防员"来灭火。

1. 你能看出小青蛙需要连接哪条水管才能扑灭小朋友的怒火吗？
2. 你可以帮忙加水吗？

小青蛙讲故事：
蒲公英的故事

从前，有一个国王，他住在一座高大的城堡里。城堡周围环绕着一大片的草坪，这片草坪是国王的骄傲。国王希望草坪永远都是鲜嫩的绿色，永远被修剪得整整齐齐。国王疯狂地爱着这片草坪，完全无法忍受上面长出一根杂草或是一小株蒲公英。

一整支园丁队伍打理着草坪，他们没日没夜、不眠不休地悉心照料着。一天早上，国王正在散步，他发现草坪上竟然长出了一株蒲公英！黄色的小花朵迎风绽放，漂亮极了。但是国王却十分气恼，一怒之下将蒲公英连根拔起，大喊着："把一半的园丁都扔进大牢里！"

几天过去了。监狱里的园丁日渐憔悴，苦苦等待；其余园丁则继续殚精竭虑地照料着草坪。但有一天早上，国王又发现了三株蒲公英！这次他整个人都暴跳如雷，吼道："把所有园丁统统都赶走，给我找到能打理草坪的人！"

就在这时，我，小青蛙，走到国王跟前，对他说："陛下，如果您将所有园丁都赶走，蒲公英就会在整片草坪上泛滥。其实，人生中总会有一些我们不喜欢的事情出现，可愤怒并不能阻止它们，讨厌的事情终究还是会发生。唯一的解决方法是接受它们。有时，随着时间流逝，我们甚至还会慢慢喜欢上它们。"

几个月过去了，国王慢慢地不那么讨厌蒲公英了。他甚至觉得这小小的花朵有些好看。自此，国王找到了新的乐趣：他喜欢上吹蒲公英的种子了！也就在那一刻，国王释放了监狱里的所有园丁。

我爱蒲公英！

与国王的草坪一样，我们的人生中也常有蒲公英出现。你也应该试着接受事情并不总是十全十美的，有时只是差强人意，勉强过得去罢了。

1. 找出这两张图片中的七处不同。

2. 下次感到难过或懊恼时，就在
   这一页"种"一株蒲公英吧
   （书末附有贴纸）。

59

奇妙的想法世界

　　每个人都有各种各样的想法：好玩的想法，关于学校的想法，想要什么的想法，不得不做某事的想法，与人争论时愤怒的想法，帮助别人时善意的想法等等。哇，原来我们的想法源源不断不停歇！

1. 想象一下，他们的脑袋里都在想些什么，把想法贴纸（见书末）贴上去吧。

2. 你的脑海里常常跑出来哪些想法？

   ....

3. 你最喜欢的想法是什么？

   ....

4. 如果你因为想太多而睡不着觉，试着把手放在肚子上，感受呼吸时腹部的起伏。慢慢鼓起，又慢慢落下。你的肚子里可没有任何想法哦！

我总是想着
自己的生日。

如何变成想法的主人

你必须永远相信自己的想法吗？不——有一些想法并不是真的。想法就像脑袋里播放的小故事，东一下西一下，害你没法正视当下，纯粹、真切地感受你正在经历的每一刻。不过，你不必总被想法牵着鼻子走，你才是这些想法的主人。

**做一只想法储存瓶，
你需要以下材料：**

- 玻璃瓶（果酱瓶，或者盖子能够拧紧的其他瓶子）

- 加入两大勺液体甘油（可在商店购买），它能够减缓亮片下沉的速度（甘油占瓶子容积的 1/4）

- 蒸馏水（可防止水变黄）

- 金色亮片（代表你的情绪）

- 银色亮片（代表你的冲动、欲望）

- 红色、蓝色和绿色亮片，或者其他颜色的亮片（代表你所有的其他想法）

制作过程：

1. 瓶子里灌满蒸馏水和甘油。

2. 三类亮片各抓一大把放进瓶子中，拧紧瓶盖。

1. 摇一摇
2. 看一看
3. 等一等

三大超级原则

想法储存瓶

瓶子就像你的大脑，里面装着各种各样的想法。当你摇晃液体时，想象你的大脑正刮起一场小小的风暴：所有让你烦恼和焦虑的事情统统飞了起来，快速旋转。

如何使用它？

1. 摇一摇玻璃瓶。

2. 观察瓶中亮片的旋转，就像想法在你的大脑中旋转一样。

3. 稍等片刻，观察亮片慢慢沉入瓶底。

当你看着亮片慢慢下沉时，你的情绪、冲动和欲望的风暴也逐渐下沉。虽然它们并不会全部消失，但是等沉入底部后，它们就再也不会扰乱你的思绪了。于是，现在的你头脑清醒、眼神明亮，不再被纷繁的想法所干扰了。

接下来……你就能决定要怎样采取行动了。

5.
做自己生命中的艺术家

你是否注意过，即使紧闭双眼，
也能看到许多东西？真是不可思议！
每个人都能在自己的大脑里"拍电影"，就像真的导演一样。
你脑袋里的"私人影院""播放"的各种"影片"，
能够帮助你实现自己的梦想和愿望。

内心的梦想和想象力，
能把你带到很远很远的地方。

想象力

在学校里、在书中，或者与父母在一起时，你能够学到许多关于外部世界的东西。但是，在你的内心也有一个世界——一个梦想和想象力的世界。想象力无比强大，它能够将你带到很远很远的地方喔！

1. 这里的每一只动物都有一种超能力。是什么能力呢？你来想一想吧！

2. 想象你拥有这种超能力，你可以感觉到它，可以用内心的眼睛观察它。

3. 你可以在贴纸页（见书末）找到这里的所有动物，将它们贴在床头、桌上、笔记本里等，当你需要的时候，你就可以使用它们的超能力了。

像**鹿**一样_____

像**熊**一样强壮

像**小狗**一样_____

像**大象**一样_____

像**鸟儿**一样_____

像**花豹**一样_____

像**海豚**一样_____

像**刺猬**一样_____

像**猴子**一样_____

像_____
一样_____

选择属于你的动物。
你什么时候会需要这种超能力?

小青蛙讲故事：
人们叫他"草包"

从前，有一户人家，家里有七个孩子，每一个孩子都有一项专长：老大会砍柴，老二善捕猎，老三懂农事，老四厨艺高，老五会石雕，老六有副好嗓子。只有老七什么都不擅长。于是，人们管这不成器的孩子叫"草包"。

"草包"什么都不擅长，他非常伤心。而且，他因为觉得自己无能而从来不敢尝试任何事情。

我，小青蛙，这辈子还没碰上过一个无能的小孩，不禁对他产生了兴趣。我给他带了一支铅笔和一本绘画书。"草包"立马对我说："可我不会画画！"我回答："试试嘛。先画一个点，然后再慢慢画一条线。"

"草包"自己躲在角落里，画了一些线条、圆圈和小点点。画着画着，他逐渐有了信心。他非常勤奋，越画越多，最后画得越来越好。

后来，村子里来了一群土匪。他们把"草包"一家子绑了起来，关进了地牢里。"草包"的哥哥姐姐们哭个没完。可"草包"呢？他继续画呀，画呀。他画了一些老鼠，老鼠画得实在太逼真了，竟然从画册里跑了出来，开始撕咬捆绑他们的绳子。

"草包"一家得救了，他们自由了。"草包"的哥哥姐姐们开心地拥抱他、亲吻他，最后所有人一致决定，给他取个新名字——全能王！

艺术家，就是你！

从这个点开始，
画出你能想象到的最美的形状。

这里没有所谓的
成功或失败。画，就对了。

这里有一个小故事，由你来完成它吧，还可以配上插图。发挥你的想象力吧！

毛毛熊的故事

从前，有一只可爱的毛毛熊，它整天都待在＿＿＿＿＿＿＿＿＿＿＿＿
＿＿＿＿＿＿＿＿＿＿＿＿＿＿＿＿＿＿＿＿＿顶上，一动不动地
待着，无聊透顶。

这只毛毛熊非常与众不同。它是唯一能够＿＿＿＿＿＿＿＿＿＿
＿＿＿＿＿＿＿＿＿＿＿＿＿＿＿＿＿＿＿＿＿＿＿＿＿＿＿＿＿＿＿＿
＿＿＿＿＿＿＿＿＿＿＿＿＿＿＿＿＿＿＿＿＿＿＿＿＿＿＿＿＿＿＿＿
＿＿＿＿＿＿＿＿＿＿＿＿＿＿＿＿＿＿＿＿＿＿＿＿＿＿＿＿＿＿＿。

正是因为这个缘故，小青蛙邀请它来自己家，想送给它一个惊喜。

但是在毛毛熊眼里，在这＿＿＿＿＿＿＿＿＿＿＿＿＿＿＿四周，
弥漫着浓浓的悲伤。于是，为了能带来一些快乐，它想到了一个好点
子，那就是＿＿＿＿＿＿＿＿＿＿＿＿＿＿＿＿＿＿＿＿＿＿＿＿。
毛毛熊还邀请它的朋友＿＿＿＿＿＿＿＿＿＿＿＿＿＿＿＿＿＿＿去
＿＿＿＿＿＿＿＿＿＿＿＿＿＿＿＿＿＿＿＿＿＿＿＿＿＿＿＿＿＿来
帮它。

它们做了什么呢？它们＿＿＿＿＿＿＿＿＿＿＿＿＿＿＿＿＿＿
＿＿＿＿＿＿＿＿＿＿＿＿＿＿＿＿＿＿＿＿＿＿＿＿＿＿＿＿＿＿＿＿
＿＿＿＿＿＿＿＿＿＿＿＿＿＿＿＿＿＿＿＿＿＿＿＿＿＿＿＿＿＿＿。

自此以后，毛毛熊、它的朋友＿＿＿＿＿＿＿＿＿＿＿＿＿＿＿和
＿＿＿＿＿＿＿＿＿＿＿＿＿＿＿＿＿＿＿＿＿＿＿＿＿＿＿＿＿＿＿，
快乐地生活在了一起！

你真正在乎什么

有时，一切刚刚好；可有时，一切又都不对劲。学校里的同学取笑你，你跟朋友大吵一架，或者你的亲人生病了。有一些情况你无法改变，因为你年纪太小，或者因为事情本来就是这样。

可你还是能做点什么：你可以制作一棵许愿树。

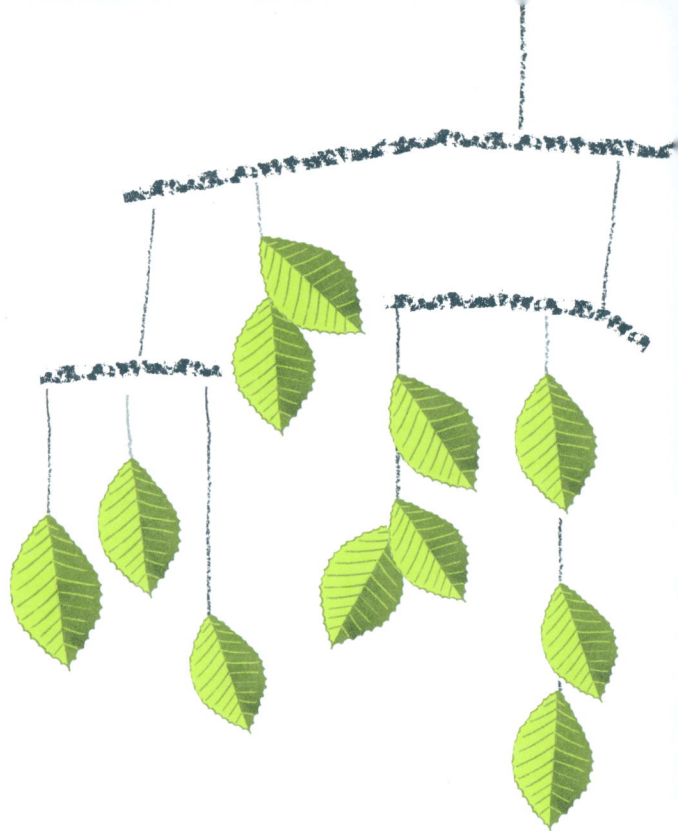

你的许愿树

你真正在乎什么？你想要自己或他人做出什么改变？你可以做一棵许愿树，把它挂在你的房间里。

你需要：

- 一些小树枝、筷子或者纸吸管
- 一些棉线或细绳
- 透明胶带

准备工作：

1. 剪下右侧书页上的树叶，将你内心最深处的愿望写在树叶背面。
2. 如图所示，将线剪成不同长度，挂在树枝上，将顶端的细绳挂在你房间的墙壁上。
3. 用胶带将许愿树叶粘在每一条细绳的末端。

惊喜创作

找一个人和你一起，握住同一支画笔画画。

拿出一张白纸，两人面对面坐定，一起握笔画出一只小青蛙。

快开始吧！你们会碰撞出什么火花呢?

不管事情如何发展，
接受事情本来的样子，

能够帮助你
更好地享受生命的每一刻。

6.

友善
很美好

友善是最重要的品质之一。

每个人都可以是友善的。

友善宛若微微细雨，润泽万物。

你若是有时不够友善，此时很重要的就是

能够意识到自己变得不友善了，

一旦意识到这点，这便是能让你放下情绪的钥匙。

友善让你内心柔软，
帮助你成长，
让你产生自信，
也能让你信任他人。

所有的心都是
一样的颜色

每个人的身体里都有一颗跳动的心脏，而且不管我们是哪里人，这颗心都是同一个颜色。

1. 在每个孩子的心脏位置贴一张心脏贴纸（见书末）。

2. 图片描绘的这些场景会出现在世界的哪个地方？你能将合适的选项填入相应的圆圈中吗？

A. 拉丁美洲
B. 欧洲
C. 非洲
D. 印度
E. 日本

80

爱与被爱都很棒

1. 将第83~87页上的信封和
   爱的便签剪下来。

2. 想一想你为什么喜欢周围的
   人，把原因写在便签上。

3. 将便签放进信封里。信封的
   制作方法如下图所示。

4. 你可以把这个小礼物送给你爱的人，
   或者悄悄放在他们的枕头底下。

寄信人：·······················

收信人：·······················

我喜欢你，
因为……

你爱我，
因为……

比心

寄信人：

收信人：

我只想
告诉你……

这颗心
随你而动，
因为……

比心

寄信人：..................

....

收信人：

你是世界上最棒的

....

你总是那么……

…………………

幸福有千般色彩

用你最爱的颜色，为彩虹涂上颜色。

要开心

幸福就是当我们快乐的时候，我们觉知到我们是快乐的！我们经常只会注意到令人讨厌的事物，但是如果多去注意令人喜悦的事物，我们会发现，其实令人开心的事物比我们想象的多得多。

幸福鸟

音频6

1. 在本书的最后，你可以静心聆听最后一个冥想音频。

2. 现在，将你和幸福鸟一同翱翔时的所见所闻画在下面吧。

好棒！
你领悟到专注的诀窍了

你很好地完成了所有的专注练习。

现在，我们非常荣幸地邀请你成为小青蛙俱乐部的一员。

每当你需要冷静和专注时，可以将右侧这张告示牌挂在自己的房门上。

将这张告示牌沿虚线剪下，
在背面涂上胶水，
并沿中间向后对折。

超级青蛙

我已完成所有的专注训练
且表现优异，
我从现在起加入小青蛙俱乐
部，成为其中的一员。

你的签名　俱乐部负责人的
签名

嘘——
我在静坐！

衷心地祝福你：

充满幸福，充满专注！

著作权合同登记号　图字：01-2023-0766

图书在版编目（CIP）数据

像青蛙一样坐定游戏书 / (荷) 艾琳·斯奈儿著;
纪园园译 . -- 北京：北京科学技术出版社，2024.5（2025.4重印）
ISBN 978-7-5714-3064-1

Ⅰ.①像… Ⅱ.①艾… ②纪… Ⅲ.①注意—能力培
养—儿童读物 Ⅳ.① B842.3-49

中国国家版本馆 CIP 数据核字 (2023) 第 092684 号

策划编辑：廖　艳
责任编辑：廖　艳
责任校对：贾　荣
责任印制：李　茗
图文制作：天露霖文化
出 版 人：曾庆宇
出版发行：北京科学技术出版社
社　　址：北京西直门南大街 16 号
邮政编码：100035
电　　话：0086-10-66135495（总编室）　0086-10-66113227（发行部）
网　　址：www.bkydw.cn
印　　刷：北京博海升彩色印刷有限公司
开　　本：889 mm × 1194 mm　1/16
字　　数：51 千字
印　　张：6.25
版　　次：2024 年 5 月第 1 版
印　　次：2025 年 4 月第 3 次印刷
ISBN 978-7-5714-3064- 1

定价：99.00 元

小青蛙大游戏

全家一起玩

2~4人游戏

轮到你了！

所有人依次掷骰子，从第一个掷出6点的人首先开始。

游戏中，每个人轮流掷骰子，按照掷出的点数前进。每个方格对应一个数字，当前进到某些方格时，请按照对应数字的说明完成游戏。最终的目标是抵达第63格的小青蛙俱乐部。

5.随机选择一个人，悄悄对他说出你内心深处的一句夸赞。

6.你获得了多掷2次骰子的机会，感觉如何？

9.找一个人和你一起站起来。首先，你需要做3个滑稽的动作，分别用你的眼睛、双手和整个身体去做。另一个人则需要仔细观察你的动作，并将这3个动作模仿出来。一旦动作做得与你不同，他将倒退3格。

12.闭上双眼，静待几秒钟。想象你能够翱翔到任何地方。你想要飞到哪里去？你想在那里做些什么？把这些想象讲给其他人听吧。

14.回忆你今天感到快乐的一个时刻。是什么让你开心？把这个故事讲给其他人听吧。

18.后退5格。

19.前往最近的睡莲格子，暂停2轮游戏。好好利用这个休息时间，深呼吸，感受小腹的起伏。记住，等待并没有什么问题。放松！

23.生活中的好事往往是免费的。做3件让你开心的事情吧。例如，拥抱、大笑到肚子疼、醒来后告诉所有人你要回去睡个回笼觉。

27.唱你最爱的歌，请所有人和你一起唱。

31.停到最近的睡莲格子中，直到你掷出6点。深呼吸，放松……

36.看一下你的四周，找出3个红色的物品。

41.你可以再掷一次骰子。

42.后退4格。

45.加长的方式：找一个毛绒玩具。

一个人用手机或平板电脑播放一段音乐。毛绒玩具从一个人手里传到另一个人手里，音乐停时，手里拿着玩具的人模仿一种动物，其他人猜他模仿的是什么动物。猜对的人前进3格。游戏循环3轮。

简短的方式：当我们与他人合作时，会感到开心。你想和谁合作？想一起做什么事情？试着把这周的计划安排出来。

50.秘密任务：想一个你非常讨厌的人，或者没怎么一起玩过的人，写下这个人好的一点（每个人都有好的一面）。下次见到这个人的时候，悄悄把小纸条塞给他。

52.暂停1轮，利用这个机会喘口气。

54.问每个人他们最喜欢你哪一点，然后告诉他们你最喜欢他们哪一点。

56.将左手五指张开放在身前，像在照镜子一样。将右手食指放在左手拇指的根部，慢慢向上爬，来到拇指指尖，同时吸气；接着呼气，食指慢慢回到拇指根部。再次吸气，将右手食指放在左手食指根部，慢慢向上；到达指尖后呼气，手指滑到食指根部。依次循环，在五根手指上都完成上下滑动的动作。

58.静坐15秒，听房间里和房间外的声音。告诉其他人你听到了什么。

59.在一只玻璃杯里装满水，左手拿着杯子绕房间走一圈。注意，不要洒出一滴水。你需要集中全部的注意力。

63.恭喜你！你现在成为小青蛙俱乐部的一员了！

你需要

一个骰子

为每位玩家
准备一颗棋子或
一块小鹅卵石

一根铅笔

一些纸

一个毛绒玩具或
一个小枕头

能放音乐的
平板电脑或手机